任务一

砂轮机手动正转控制电路的安装与检修

U0239408

📖 学习目标

1. 能对电压熔断器和低压开关进行识别与检测；

2. 能独立分析手动正转控制电路工作原理；

3. 能正确安装、调试手动正转控制电路；

4. 能根据手动正转控制电路检修流程独立检修相关故障。

✎ 学习任务

本次工作任务是为企业装配一台三相砂轮机的电气控制电路，使三相砂轮机实现以下功能：使用砂轮机时，扳动组合开关手柄，砂轮机开始转动，即进行磨刀；使用完毕，扳动组合开关手柄，砂轮机停止转动，即停止磨刀。按照电气原理图安装并调试。三相砂轮机的控制电路图如图 1-1 所示。

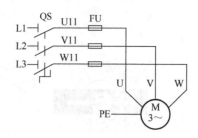

图 1-1 三相砂轮机的控制电路图

🔬 信息收集

一、相关低压电器基本信息。

1. 低压电器是指_____

_____。

2. 低压开关是指_____

_____。常用的低压开关有_____。

3. 低压熔断器是指_____

_____。

4. 请在空白处画出低压熔断器、断路器、负荷开关、组合开关、倒顺开关的电气符号。

二、根据砂轮机手动正转控制电路电气原理图，写出它的工作原理。

任务准备

一、工具。

螺钉旋具、尖嘴钳、斜口钳、剥线钳、电工刀等。

二、仪表。

MF47 型万用表、兆欧表。

三、器材。

控制板 1 块，规格为 500mm×400mm×20mm。导线规格：主电路采用 BV1.5mm 和 BVR1.5mm；控制电路采用 BV1mm；按钮线采用 BVR0.75mm；接地线采用 BVR1.5mm。端子排、导线数量根据实际情况确定。

四、紧固体和编码套管按实际需要提供。

五、电器元件明细表根据电动机的规格选择并填写下表。

代　号	名　称	型　号	规　格	数　量
QS				
FU				
M				
XT				

六、写出操作步骤。

任务实施

一、低压电器检测、安装。

二、砂轮机手动正转控制电路连接。

三、安装电动机。

四、通电前进行检测，将检测结果填写在下表中。

序 号	检 测 内 容	检 测 结 果	检 测 结 论
1			
2			
3			
4			

五、通电试车，调试实现功能。

考核与评价

一、考核要求。

安装、调试电路过程要达到以下要求：

（1）劳动用品穿戴标准，操作符合 6S 规范；

（2）正确填写表格；

（3）安装、调试和检测流程科学规范。

二、考核作业表。

按任务实施过程设计一个考核作业表，以便评分。

三、考核标准。

考核项目	评分标准	配分	得分
装前检查	1. 电动机质量是否检查，每漏一处扣 3 分 2. 电器元件漏检或错检，每个扣 2 分	15	
安装元件	1. 不按布置图安装，扣 10 分 2. 元件安装不牢固，每个扣 2 分 3. 安装元件时漏装螺钉，每个扣 0.5 分 4. 元件安装不整齐、不均匀、不合理，每个扣 3 分 5. 损坏元件，每个扣 10 分	15	
布线	1. 不按电路图布线，扣 15 分 2. 布线不符合要求：主电路，每根扣 2 分；控制电路，每根扣 1 分 3. 节点松动、接点露铜过长、压绝缘层、反圈等，每处扣 0.5 分 4. 损伤导线绝缘或线芯，每根扣 0.5 分 5. 漏接接电线，扣 10 分 6. 标记线号不清楚、遗漏或误标，每处扣 0.5 分	30	
通电试车	第一次试车不成功，扣 10 分 第二次试车不成功，扣 20 分 第三次试车不成功，扣 30 分	40	
安全、文明生产	违反安全、文明生产规程，扣 5～40 分		
定额时间 90 分钟	按每超时 5 分钟扣 5 分计算		
成绩	除安全、文明生产和定额时间外，各项目的最高扣分不应超过配分		

课后拓展

在砂轮机电气控制电路安装、调试实训中，若发现电动机不能启动，应如何用仪表检查故障点？

任务二

车床点动正转控制电路的安装与检修

📖 **学习目标**

1. 能对按钮和交流接触器进行识别与检测；

2. 能独立分析点动正转控制电路工作原理；

3. 能正确安装、调试点动正转控制电路；

4. 能根据点动正转控制电路检修流程独立检修相关故障。

✏️ **学习任务**

本次工作任务是为企业改装一台车床上溜板箱快速移动的控制电路，使车床溜板箱快速移动电动机实现以下功能：M 是快速移动电动机，由接触器 KM 控制，只要求单方向旋转，快速移动电动机前、后、左、右方向的移动由进给操作手柄配合机械装置来实现。按下启动按钮 SB，接触器 KM 吸合而点动，使快速移动电动机 M 旋转。放开按钮 SB，接触器 KM 断开，使快速移动电动机 M 停止转动，即停止切削。按照电气原理图安装并调试。车床溜板箱快速移动控制电路图如图 2-1 所示。

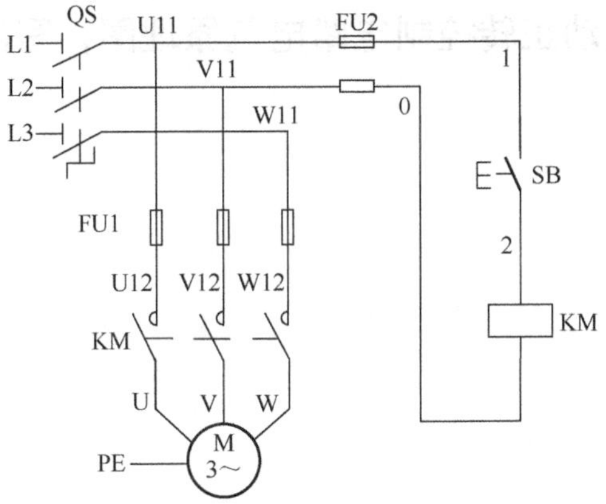

图 2-1 车床溜板箱快速移动控制电路图

信息收集

一、相关低压电器基本信息。

1. 按钮开关通常用作_____

_____。

2. 交流接触器主要用于_____

_____。常用的交流接

触器有_____。

3. 交流接触器的工作原理是_____

_____。

4. 请在空白处画出按钮开关、交流接触器的电气符号。

5. 停止按钮一般用_____色，启动按钮一般用_____色。

二、根据车床点动正转控制电路电气原理图，写出它的工作原理。

 任务准备

一、工具。

螺钉旋具、尖嘴钳、斜口钳、剥线钳、电工刀等。

二、仪表。

MF47 型万用表、兆欧表。

三、器材。

控制板 1 块，规格为 500mm×400mm×20mm。导线规格：主电路采用 BV1.5mm 和 BVR1.5mm；控制电路采用 BV1mm；按钮线采用 BVR0.75mm；接地线采用 BVR1.5mm。端子排、导线数量根据实际情况确定。

四、紧固体和编码套管按实际需要提供。

五、电器元件明细表根据电动机的规格选择并填写下表。

代　号	名　　称	型　　号	规　格	数　量
QS				
SB				
FU				
M				
XT				

六、写出操作步骤。

🎓 任务实施

一、低压电器检测、安装。

二、车床点动正转控制电路连接。

三、安装电动机。

四、通电前进行检测，将检测结果填写在下表中。

序　号	检 测 内 容	检 测 结 果	检 测 结 论
1			
2			
3			
4			

五、通电试车，调试实现功能。

👩‍🏫 考核与评价

一、考核要求。

安装、调试电路过程要达到以下要求：

（1）劳动用品穿戴标准，操作符合 6S 规范；

（2）正确填写表格；

（3）安装、调试和检测流程科学规范。

二、考核作业表。

按任务实施过程设计一个考核作业表，以便评分。

三、考核标准。

考 核 项 目	评 分 标 准	配分	得分
装前检查	1. 电动机质量是否检查，每漏一处扣 3 分 2. 电器元件漏检或错检，每个扣 2 分	15	
安装元件	1. 不按布置图安装，扣 10 分 2. 元件安装不牢固，每个扣 2 分 3. 安装元件时漏装螺钉，每个扣 0.5 分 4. 元件安装不整齐、不均匀、不合理，每个扣 3 分 5. 损坏元件，每个扣 10 分	15	
布线	1. 不按电路图布线，扣 15 分 2. 布线不符合要求：主电路，每根扣 2 分；控制电路，每根扣 1 分 3. 节点松动、接点露铜过长、压绝缘层、反圈等，每处扣 0.5 分 4. 损伤导线绝缘或线芯，每根扣 0.5 分 5. 漏接接电线，扣 10 分 6. 标记线号不清楚、遗漏或误标，每处扣 0.5 分	30	
通电试车	第一次试车不成功，扣 10 分 第二次试车不成功，扣 20 分 第三次试车不成功，扣 30 分	40	
安全、文明生产	违反安全、文明生产规程，扣 5～40 分		
定额时间 90 分钟	按每超时 5 分钟扣 5 分计算		
成绩	除安全、文明生产和定额时间外，各项目的最高扣分不应超过配分		

🍎 **课后拓展**

在车床点动正转控制电路安装、调试实训中，若发现电动机不能启动，应如何用仪表检查故障点？

任务三

钻床接触器自锁正转控制电路的安装与检修

📖 学习目标

1. 能对热继电器进行识别与检测；
2. 能独立分析钻床主轴电动机控制电路工作原理；
3. 能正确安装、调试钻床主轴电动机控制电路；
4. 能根据钻床主轴电动机控制电路检修流程独立检修相关故障。

🖋 学习任务

本次工作任务是为企业改装一台钻床主轴电动机的控制电路，使钻床主轴电动机实现以下功能：M 是主轴电动机，由接触器 KM 控制，只要求单方向旋转，主轴的正反转由机械系统来完成。按下启动按钮 SB1，接触器辅助触头 KM 吸合并自锁，使主轴电动机 M 旋转。按下停动按钮 SB2，接触器辅助触头 KM 断开自锁，使主轴电动机 M 停止转动，即停止加工。按照电气原理图安装并调试。钻床主轴电动机控制电路图如图 3-1 所示。

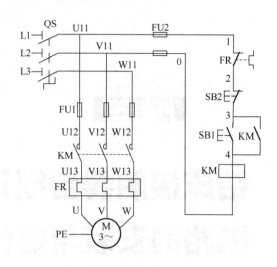

图 3-1　钻床主轴电动机控制电路图

🔬 信息收集

一、相关低压电器基本信息。

1. 热继电器主要用来对_____

_____。

2. 热继电器的工作原理是_____

_____。

3. 起到自锁作用的是_____。

4. 根据需要的整定电流值选择热元件的电流等级。一般情况下，热元件的整定电流应为_____。

5. 请在空白处画出热继电器的电气符号。

6．什么叫自锁控制？试分析判断图 3-2 所示的各控制电路能否实现自锁控制。若不能，说明原因，并加以改正。

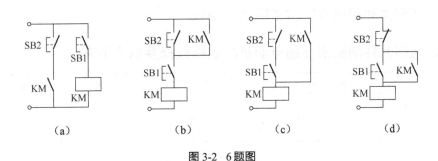

图 3-2　6题图

二、根据钻床接触器自锁正转控制电路电气原理图，写出它的工作原理。

🚌 **任务准备**

一、工具。

螺钉旋具、尖嘴钳、斜口钳、剥线钳、电工刀等。

二、仪表。

MF47 型万用表、兆欧表。

三、器材。

控制板 1 块，规格为 500mm×400mm×20mm。导线规格：主电路采用

BV1.5mm 和 BVR1.5mm；控制电路采用 BV1mm；按钮线采用 BVR0.75mm；接地线采用 BVR1.5mm。端子排、导线数量根据实际情况确定。

四、紧固体和编码套管按实际需要提供。

五、电器元件明细表根据电动机的规格选择并填写下表。

代　号	名　称	型　号	规　格	数　量
QS				
SB				
FU				
M				
XT				
KM				
FR				

六、写出操作步骤。

🎓 任务实施

一、低压电器检测、安装。

二、钻床接触器自锁正转控制电路连接。

三、安装电动机。

四、通电前进行检测,将检测结果填写在下表中。

序 号	检测内容	检测结果	检测结论
1			
2			
3			
4			
5			

五、通电试车,调试实现功能。

考核与评价

一、考核要求。

安装、调试电路过程要达到以下要求:

(1)劳动用品穿戴标准,操作符合 6S 规范;

(2)正确填写表格;

(3)安装、调试和检测流程科学规范。

二、考核作业表。

按任务实施过程设计一个考核作业表,以便评分。

三、考核标准。

考核项目	评分标准	配分	得分
装前检查	1. 电动机质量是否检查,每漏一处扣 3 分 2. 电器元件漏检或错检,每个扣 2 分	15	
安装元件	1. 不按布置图安装,扣 10 分 2. 元件安装不牢固,每个扣 2 分 3. 安装元件时漏装螺钉,每个扣 0.5 分 4. 元件安装不整齐、不均匀、不合理,每个扣 3 分 5. 损坏元件,每个扣 10 分	15	

续表

考 核 项 目	评 分 标 准	配分	得分
布线	1．不按电路图布线，扣 15 分 2．布线不符合要求：主电路，每根扣 2 分；控制电路，每根扣 1 分 3．节点松动、接点露铜过长、压绝缘层、反圈等，每处扣 0.5 分 4．损伤导线绝缘或线芯，每根扣 0.5 分 5．漏接接电线，扣 10 分 6．标记线号不清楚、遗漏或误标，每处扣 0.5 分	30	
通电试车	第一次试车不成功，扣 10 分 第二次试车不成功，扣 20 分 第三次试车不成功，扣 30 分	40	
安全、文明生产	违反安全、文明生产规程，扣 5~40 分		
定额时间90分钟	按每超时 5 分钟扣 5 分计算		
成绩	除安全、文明生产和定额时间外，各项目的最高扣分不应超过配分		

课后拓展

在钻床接触器自锁正转电气控制电路安装、调试实训中，若发现电动机不能连续运行，应如何用仪表检查故障点？

任务四

铣床接触器联锁正、反转控制电路的安装与检修

学习目标

1. 能正确应用电压分段测量法；
2. 能独立分析铣床工作台进给电动机控制电路工作原理；
3. 能正确安装、调试铣床工作台进给电动机控制电路；
4. 能根据铣床工作台进给电动机控制电路检修流程独立检修相关故障。

学习任务

　　本次工作任务是为企业检修一台铣床工作台进给电动机的控制电路，使铣床工作台进给电动机实现以下功能：M 是进给电动机，由接触器 KM1 和 KM2 控制，来实现进给电动机 M 的正反转。再跟操作手柄结合可以实现对铣床圆工作台旋转拖动及工作台 6 个进给（上、下、左、右、前、后）方向正常和快速进给的拖动。按照电气原理图安装并调试。铣床工作台进给电动机控制电路图如图 4-1 所示。

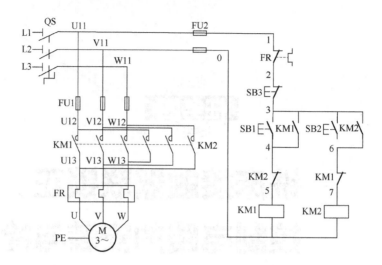

图 4-1 铣床工作台进给电动机控制电路图

🔬 信息收集

一、相关低压电器基本信息。

1. 两个接触器的主触头所接通的电源相序不同，实际就是把两根电源线

_____。

2. 接触器联锁正反转控制电路中，电动机从正转变为反转时，必须

_____。

3. 接触器联锁就是_____。

4. 实现电动机正反转的方法是什么？试判断图 4-2 所示的主电路、控制电路能否实现正反转控制，若不能，请说明原因。

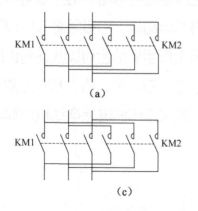

（a）

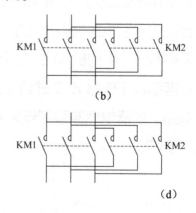

（b）

（c）

（d）

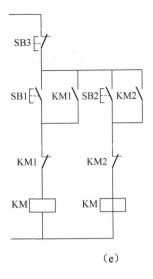

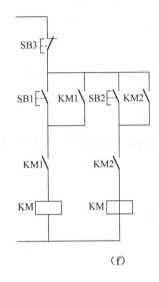

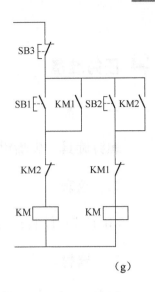

（e）　　　　　　　　　　　（f）　　　　　　　　　　　（g）

图 4-2　4 题图

二、根据铣床接触器联锁正、反转控制电路电气原理图，写出它的工作原理。

任务准备

一、工具。

螺钉旋具、尖嘴钳、斜口钳、剥线钳、电工刀等。

二、仪表。

MF47 型万用表、兆欧表。

三、器材。

控制板 1 块，规格为 500mm×400mm×20mm。导线规格：主电路采用 BV1.5mm 和 BVR1.5mm；控制电路采用 BV1mm；按钮线采用 BVR0.75mm；接地线采用 BVR1.5mm。端子排、导线数量根据实际情况确定。

四、紧固体和编码套管按实际需要提供。

五、电器元件明细表根据电动机的规格选择并填写下表。

代　号	名　　称	型　号	规　格	数　量
SB				
QS				
FU				
M				
XT				
KM				
FR				

六、写出操作步骤。

任务实施

一、低压电器检测、安装。

二、铣床接触器联锁正、反转控制电路连接。

三、安装电动机。

四、通电前进行检测，将检测结果填写在下表中。

序 号	检 测 内 容	检 测 结 果	检 测 结 论
1			
2			
3			
4			
5			

五、通电试车，调试实现功能。

考核与评价

一、考核要求。

安装、调试电路过程要达到以下要求：

（1）劳动用品穿戴标准，操作符合 6S 规范；

（2）正确填写表格；

（3）安装、调试和检测流程科学规范。

二、考核作业表。

按任务实施过程设计一个考核作业表，以便评分。

三、考核标准。

考 核 项 目	评 分 标 准	配分	得分
装前检查	1. 电动机质量是否检查，每漏一处扣 3 分 2. 电器元件漏检或错检，每个扣 2 分	15	

续表

考 核 项 目	评 分 标 准	配分	得分
安装元件	1. 不按布置图安装，扣 10 分 2. 元件安装不牢固，每个扣 2 分 3. 安装元件时漏装螺钉，每个扣 0.5 分 4. 元件安装不整齐、不均匀、不合理，每个扣 3 分 5. 损坏元件，每个扣 10 分	15	
布线	1. 不按电路图布线，扣 15 分 2. 布线不符合要求：主电路，每根扣 2 分；控制电路，每根扣 1 分 3. 节点松动、接点露铜过长、压绝缘层、反圈等，每处扣 0.5 分 4. 损伤导线绝缘或线芯，每根扣 0.5 分 5. 漏接接电线，扣 10 分 6. 标记线号不清楚、遗漏或误标，每处扣 0.5 分	30	
通电试车	第一次试车不成功，扣 10 分 第二次试车不成功，扣 20 分 第三次试车不成功，扣 30 分	40	
安全、文明生产	违反安全、文明生产规程，扣 5~40 分		
定额时间 90 分钟	按每超时 5 分钟扣 5 分计算		
成绩	除安全、文明生产和定额时间外，各项目的最高扣分不应超过配分		

🍎 课后拓展

在铣床接触器联锁正、反转电气控制电路安装、调试实训中，若发现电动机不能反转运行，应如何用仪表检查故障点？

卧式镗床双重联锁正、反转控制电路的安装与检修

📖 **学习目标**

1. 能独立分析卧式镗床双重联锁正、反转控制电路工作原理;

2. 能正确安装、调试卧式镗床双重联锁正、反转控制电路;

3. 能根据卧式镗床双重联锁正、反转控制电路检修流程独立检修相关故障。

✏️ **学习任务**

　　本次工作任务是为企业检修一台卧式镗床工作台上快速移动电动机的控制电路,使卧式镗床工作台快速移动电动机实现以下功能:M 是快速移动电动机,由按钮 SB1 和 SB2 及接触器 KM1 和 KM2 控制,实现双重联锁正、反转控制,通过机械传动实现正向(反向)快速进给运动。按照电气原理图安装并调试。卧式镗床工作台快速移动电动机控制电路图如图 5-1 所示。

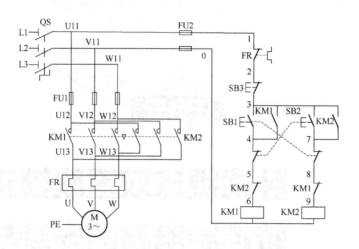

图 5-1 卧式镗床工作台快速移动电动机控制电路图

🔬 信息收集

一、相关低压电器基本信息。

1. 加上按钮 SB 让接触器联锁变成接触器双重联锁的方法是＿＿＿＿＿＿

＿＿＿＿＿＿＿＿＿＿＿＿＿＿＿＿＿＿＿＿＿＿＿＿＿＿＿＿＿＿＿＿＿＿。

2. 双重联锁正、反转控制电路中，电动机从正转变为反转时，只要＿＿＿＿＿

＿＿＿＿＿＿＿＿＿＿＿＿＿＿＿＿＿＿＿＿＿＿＿＿＿＿＿＿＿＿＿＿＿＿。

3. 图 5-2 所示的控制电路中，哪些是自锁触点，哪些是互锁触点？

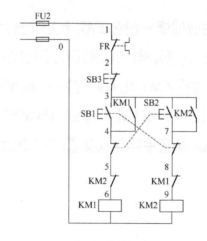

图 5-2 3 题图

4.试分析判断图 5-3 所示各控制电路中哪个能实现双重联锁正、反转控制。各电路有什么优缺点?

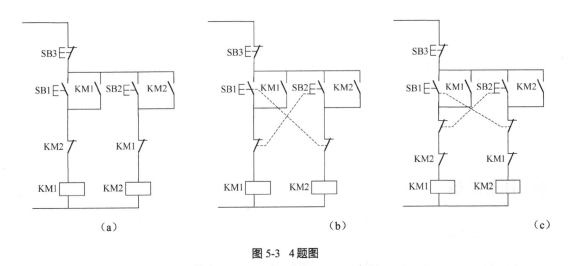

图 5-3 4 题图

5. 什么叫电气联锁? 什么叫机械联锁? 图 5-2 中哪个联锁为电气联锁?

二、根据卧式镗床双重联锁正、反转控制电路电气原理图，写出它的工作原理。

任务准备

一、工具。

螺钉旋具、尖嘴钳、斜口钳、剥线钳、电工刀等。

二、仪表。

MF47 型万用表、兆欧表。

三、器材。

控制板 1 块，规格为 500mm×400mm×20mm。导线规格：主电路采用 BV1.5mm 和 BVR1.5mm；控制电路采用 BV1mm；按钮线采用 BVR0.75mm；接地线采用 BVR1.5mm。端子排、导线数量根据实际情况确定。

四、紧固体和编码套管按实际需要提供。

五、电器元件明细表根据电动机的规格选择并填写下表。

代　号	名　　称	型　　号	规　格	数　量
SB				
QS				
FU				
M				
XT				
KM				
FR				

六、写出操作步骤。

🎓 任务实施

一、低压电器检测、安装。

二、卧式镗床双重联锁正、反转控制电路连接。

三、安装电动机。

四、通电前进行检测，将检测结果填写在下表中。

序　号	检 测 内 容	检 测 结 果	检 测 结 论
1			
2			
3			
4			
5			

五、通电试车，调试实现功能。

👩‍🏫 考核与评价

一、考核要求。

安装、调试电路过程要达到以下要求：

（1）劳动用品穿戴标准，操作符合 6S 规范；

（2）正确填写表格；

（3）安装、调试和检测流程科学规范。

二、考核作业表。

按任务实施过程设计一个考核作业表，以便评分。

三、考核标准。

考核项目	评分标准	配分	得分
装前检查	1. 电动机质量是否检查，每漏一处扣 3 分 2. 电器元件漏检或错检，每个扣 2 分	15	
安装元件	1. 不按布置图安装，扣 10 分 2. 元件安装不牢固，每个扣 2 分 3. 安装元件时漏装螺钉，每个扣 0.5 分 4. 元件安装不整齐、不均匀、不合理，每个扣 3 分 5. 损坏元件，每个扣 10 分	15	
布线	1. 不按电路图布线，扣 15 分 2. 布线不符合要求：主电路，每根扣 2 分；控制电路，每根扣 1 分 3. 节点松动、接点露铜过长、压绝缘层、反圈等，每处扣 0.5 分 4. 损伤导线绝缘或线芯，每根扣 0.5 分 5. 漏接接电线，扣 10 分 6. 标记线号不清楚、遗漏或误标，每处扣 0.5 分	30	
通电试车	第一次试车不成功，扣 10 分 第二次试车不成功，扣 20 分 第三次试车不成功，扣 30 分	40	
安全、文明生产	违反安全、文明生产规程，扣 5～40 分		
定额时间 90 分钟	按每超时 5 分钟扣 5 分计算		
成绩	除安全、文明生产和定额时间外，各项目的最高扣分不应超过配分		

🍎 **课后拓展**

在卧式镗床双重联锁正、反转电气控制电路安装、调试实训中，若发现图 5-1 中的 1 号线断开，应如何用仪表检查故障点？

任务六

磨床位置控制电路的安装与检修

📖 学习目标

1. 能对行程开关进行识别与检测；
2. 能独立分析磨床工作台位置控制进给电动机控制电路工作原理；
3. 能正确安装、调试磨床工作台位置控制进给电动机控制电路；
4. 能根据磨床工作台位置控制进给电动机控制电路检修流程独立检修相关故障。

✍ 学习任务

本次工作任务是为企业安装一台磨床工作台上位置控制进给电动机的控制电路，使磨床工作台纵向进给电动机实现以下功能：M 是电动机，由接触器 KM1、KM2 控制来完成正反转运动。SQ1、SQ2 移动到所需要的位置就必须停止，以免工件加工过头。按钮 SB1、SB2 控制电动机左右移动，按下按钮 SB3 电动机 M 停止转动，即停止工件加工。按照电气原理图安装并调试。磨床工作台位置控制进给电动机控制电路图如图 6-1 所示。

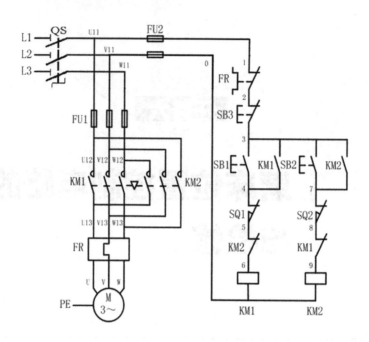

图 6-1 磨床工作台位置控制进给电动机控制电路图

🔬 信息收集

一、相关低压电器基本信息。

1. 位置控制是指_____

_____。

2. 行程开关主要用来对_____

_____。

3. 直动式行程开关的工作原理是_____

_____。

4. 行程开关的选择原则是_____

_____。

5. 请在空白处画出行程开关的电气符号。

二、根据磨床位置控制电路电气原理图，写出它的工作原理。

任务准备

一、工具。

螺钉旋具、尖嘴钳、斜口钳、剥线钳、电工刀等。

二、仪表。

MF47 型万用表、兆欧表。

三、器材。

控制板 1 块，规格为 500mm×400mm×20mm。导线规格：主电路采用 BV1.5mm 和 BVR1.5mm；控制电路采用 BV1mm；按钮线采用 BVR0.75mm；接地线采用 BVR1.5mm。端子排、导线数量根据实际情况确定。

四、紧固体和编码套管按实际需要提供。

五、电器元件明细表根据电动机的规格选择并填写下表。

代 号	名 称	型 号	规 格	数 量
QS				
SB				
SQ				
FU				
M				
XT				
KM				
FR				

六、写出操作步骤。

任务实施

一、低压电器检测、安装。

二、磨床位置控制电路连接。

三、安装电动机。

四、通电前进行检测，将检测结果填写在下表中。

序　号	检 测 内 容	检 测 结 果	检 测 结 论
1			
2			
3			
4			
5			
6			

五、通电试车，调试实现功能。

考核与评价

一、考核要求。

安装、调试电路过程要达到以下要求：

（1）劳动用品穿戴标准，操作符合 6S 规范；

（2）正确填写表格；

（3）安装、调试和检测流程科学规范。

二、考核作业表。

按任务实施过程设计一个考核作业表，以便评分。

三、考核标准。

考 核 项 目	评 分 标 准	配分	得分
装前检查	1．电动机质量是否检查，每漏一处扣 3 分 2．电器元件漏检或错检，每个扣 2 分	15	
安装元件	1．不按布置图安装，扣 10 分 2．元件安装不牢固，每个扣 2 分 3．安装元件时漏装螺钉，每个扣 0.5 分 4．元件安装不整齐、不均匀、不合理，每个扣 3 分 5．损坏元件，每个扣 10 分	15	
布线	1．不按电路图布线，扣 15 分 2．布线不符合要求：主电路，每根扣 2 分；控制电路，每根扣 1 分 3．节点松动、接点露铜过长、压绝缘层、反圈等，每处扣 0.5 分 4．损伤导线绝缘或线芯，每根扣 0.5 分 5．漏接接电线，扣 10 分 6．标记线号不清楚、遗漏或误标，每处扣 0.5 分	30	
通电试车	第一次试车不成功，扣 10 分 第二次试车不成功，扣 20 分 第三次试车不成功，扣 30 分	40	
安全、文明生产	违反安全、文明生产规程，扣 5～40 分		
定额时间 90 分钟	按每超时 5 分钟扣 5 分计算		
成绩	除安全、文明生产和定额时间外，各项目的最高扣分不应超过配分		

课后拓展

若磨床工作台纵向进给电动机移动到所需要的位置没有停止，工件会加工过头，原因是什么？

任务七

磨床自动往返控制电路的安装与检修

学习目标

1. 能独立分析磨床工作台自动往返进给电动机控制电路工作原理；
2. 能正确安装、调试磨床工作台自动往返进给电动机控制电路；
3. 能根据磨床工作台自动往返进给电动机控制电路检修流程独立检修相关故障。

学习任务

本次工作任务是为企业安装一台磨床工作台上自动往返进给电动机的控制电路，使磨床工作台纵向进给电动机实现以下功能：M 是电动机，由接触器 KM1、KM2 控制来完成正反转运动。SQ1、SQ2（其中 SQ1 由常闭开关 SQ11 和常开开关 SQ12 组成；SQ2 由常闭开关 SQ21 和常开开关 SQ22 组成）是磨床工作台自动往返所需要的行程开关。工作时，砂轮旋转，同时工作台带动工件右移，工件被磨削。然后工作台带动工件快速左移，砂轮向前作进给运动，工作台再次右移，工件上新的部位被磨削，这样不断重复，直至整个待加工平面都被磨削，按下按钮 SB3，电动机 M 停止转动，即加工停止。按照电气原理图安装并调试。磨床工作台自动往返进给电动机控制电路图如图 7-1 所示。

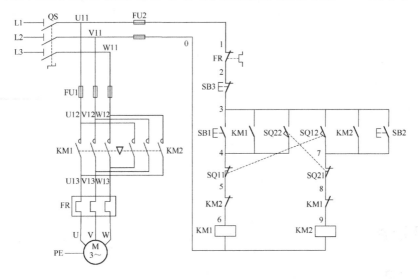

图 7-1　磨床工作台自动往返进给电动机控制电路图

🔬 信息收集

一、相关低压电器基本信息。

1. 联锁正、反转控制电路能实现自动往返主要是因为加了_____开关。并用_____并联代替人工按钮。

2. 图 7-2 所示为磨床自动往返控制电路的主电路，试补画出控制电路。

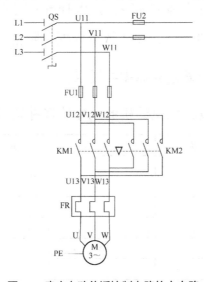

图 7-2　磨床自动往返控制电路的主电路

二、根据磨床自动往返控制电路的电气原理图，写出它的工作原理。

 任务准备

一、工具。

螺钉旋具、尖嘴钳、斜口钳、剥线钳、电工刀等。

二、仪表。

MF47 型万用表、兆欧表。

三、器材。

控制板 1 块，规格为 500mm×400mm×20mm。导线规格：主电路采用 BV1.5mm 和 BVR1.5mm；控制电路采用 BV1mm；按钮线采用 BVR0.75mm；接地线采用 BVR1.5mm。端子排、导线数量根据实际情况确定。

四、紧固体和编码套管按实际需要提供。

五、电器元件明细表根据电动机的规格选择并填写下表。

代　　号	名　　称	型　　号	规　　格	数　　量
SB				
QS				
FU				
M				
XT				
KM				
FR				

六、写出操作步骤。

任务实施

一、低压电器检测、安装。

二、磨床自动往返控制电路连接。

三、安装电动机。

四、通电前进行检测，将检测结果填写在下表中。

序　号	检 测 内 容	检 测 结 果	检 测 结 论
1			
2			
3			
4			
5			

五、通电试车，调试实现功能。

考核与评价

一、考核要求。

安装、调试电路过程要达到以下要求：

（1）劳动用品穿戴标准，操作符合 6S 规范；

（2）正确填写表格；

（3）安装、调试和检测流程科学规范。

二、考核作业表。

按任务实施过程设计一个考核作业表，以便评分。

三、考核标准。

考核项目	评分标准	配分	得分
装前检查	1. 电动机质量是否检查，每漏一处扣 3 分 2. 电器元件漏检或错检，每个扣 2 分	15	
安装元件	1. 不按布置图安装，扣 10 分 2. 元件安装不牢固，每个扣 2 分 3. 安装元件时漏装螺钉，每个扣 0.5 分 4. 元件安装不整齐、不均匀、不合理，每个扣 3 分 5. 损坏元件，每个扣 10 分	15	
布线	1. 不按电路图布线，扣 15 分 2. 布线不符合要求：主电路，每根扣 2 分；控制电路，每根扣 1 分 3. 节点松动、接点露铜过长、压绝缘层、反圈等，每处扣 0.5 分 4. 损伤导线绝缘或线芯，每根扣 0.5 分 5. 漏接接电线，扣 10 分 6. 标记线号不清楚、遗漏或误标，每处扣 0.5 分	30	
通电试车	第一次试车不成功，扣 10 分 第二次试车不成功，扣 20 分 第三次试车不成功，扣 30 分	40	
安全、文明生产	违反安全、文明生产规程，扣 5～40 分		
定额时间 90 分钟	按每超时 5 分钟扣 5 分计算		
成绩	除安全、文明生产和定额时间外，各项目的最高扣分不应超过配分		

🍎 课后拓展

在磨床自动往返控制电路安装、调试实训中，以图 7-1 为例，假设 SQ22 动合触点断开损坏，会有什么现象？

任务八

运输机顺序控制电路的安装与检修

📖 **学习目标**

1. 能对中间继电器进行识别与检测；

2. 能独立分析运输机顺序控制电路工作原理；

3. 能正确安装、调试运输机顺序控制电路；

4. 能根据运输机顺序控制电路检修流程独立检修相关故障。

✎ **学习任务**

本次工作任务是为企业改装一台运输机的顺序控制电路，使运输机顺序控制实现以下功能：M1、M2、M3 是电动机，由接触器 KM1、KM2、KM3、KA 控制来完成运输机顺序控制，只要求单方向旋转。三条传送带运输机的启动顺序为 M1→M2→M3，即顺序启动，以防止货物在带上堆积。停止顺序为 M3→M2→M1，即逆序启动，以保证停车后带上不残留货物。M1、M2 运输机出现故障停止，M3 运输机能随即停止，以免继续进料。按照电气原理图安装并调试。运输机顺序控制电路图如图 8-1 所示。

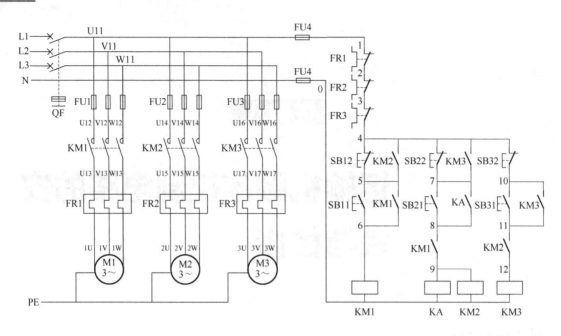

图 8-1　运输机顺序控制电路图

信息收集

一、相关低压电器基本信息。

1. 中间继电器用于＿＿＿＿＿＿＿＿＿＿＿＿＿＿＿＿＿＿＿＿＿＿

＿＿＿＿＿＿＿＿＿＿＿＿＿＿＿＿＿＿＿＿＿＿＿＿＿＿＿＿＿＿＿。

2. 中间继电器的工作原理是＿＿＿＿＿＿＿＿＿＿＿＿＿＿＿＿＿＿＿

＿＿＿＿＿＿＿＿＿＿＿＿＿＿＿＿＿＿＿＿＿＿＿＿＿＿＿＿＿＿＿。

3. 中间继电器的选择原则是＿＿＿＿＿＿＿＿＿＿＿＿＿＿＿＿＿＿＿。

4. 请在空白处画出中间继电器的电气符号。

5．图 8-2 所示的是两种在控制电路中实现电动机顺序控制的电路（主电路省略了）。试分析说明各电路有什么特点，能满足什么控制要求？

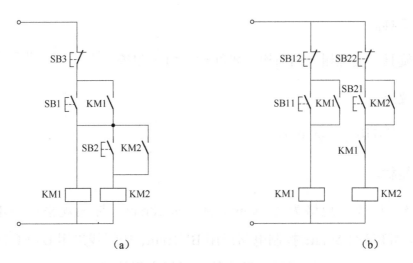

图 8-2　两种在控制电路中实现电动机顺序控制的电路

二、根据运输机顺序控制电路电气原理图，写出它的工作原理。

🚌 任务准备

一、工具。

螺钉旋具、尖嘴钳、斜口钳、剥线钳、电工刀等。

二、仪表。

MF47 型万用表、兆欧表。

三、器材。

控制板 1 块，规格为 500mm×400mm×20mm。导线规格：主电路采用 BV1.5mm 和 BVR1.5mm；控制电路采用 BV1mm；按钮线采用 BVR0.75mm；接地线采用 BVR1.5mm。端子排、导线数量根据实际情况确定。

四、紧固体和编码套管按实际需要提供。

五、电器元件明细表根据电动机的规格选择并填写下表。

代　号	名　　称	型　　号	规　　格	数　　量
QF				
SB				
FU				
M				
XT				
KM				
FR				

六、写出操作步骤。

任务实施

一、低压电器检测、安装。

二、运输机顺序控制电路连接。

三、安装电动机。

四、通电前进行检测，将检测结果填写在下表中。

序　号	检 测 内 容	检 测 结 果	检 测 结 论
1			
2			
3			
4			
5			

五、通电试车，调试实现功能。

考核与评价

一、考核要求。

安装、调试电路过程要达到以下要求：
（1）劳动用品穿戴标准，操作符合 6S 规范；
（2）正确填写表格；
（3）安装、调试和检测流程科学规范。

二、考核作业表。

按任务实施过程设计一个考核作业表，以便评分。

三、考核标准。

考 核 项 目	评 分 标 准	配分	得分
装前检查	1. 电动机质量是否检查，每漏一处扣 3 分 2. 电器元件漏检或错检，每个扣 2 分	15	

续表

考 核 项 目	评 分 标 准	配分	得分
安装元件	1. 不按布置图安装，扣 10 分 2. 元件安装不牢固，每个扣 2 分 3. 安装元件时漏装螺钉，每个扣 0.5 分 4. 元件安装不整齐、不均匀、不合理，每个扣 3 分 5. 损坏元件，每个扣 10 分	15	
布线	1. 不按电路图布线，扣 15 分 2. 布线不符合要求：主电路，每根扣 2 分；控制电路，每根扣 1 分 3. 节点松动、接点露铜过长、压绝缘层、反圈等，每处扣 0.5 分 4. 损伤导线绝缘或线芯，每根扣 0.5 分 5. 漏接接电线，扣 10 分 6. 标记线号不清楚、遗漏或误标，每处扣 0.5 分	30	
通电试车	第一次试车不成功，扣 10 分 第二次试车不成功，扣 20 分 第三次试车不成功，扣 30 分	40	
安全、文明生产	违反安全、文明生产规程，扣 5~40 分		
定额时间 90 分钟	按每超时 5 分钟扣 5 分计算		
成绩	除安全、文明生产和定额时间外，各项目的最高扣分不应超过配分		

课后拓展

在运输机顺序控制电路安装、调试实训中，按 SB32 停止按钮，M3 运输机不能停止，主要原因是什么？

大功率交流电动机星形—三角形降压启动控制电路

学习目标

1. 能对时间继电器进行识别与检测；

2. 能独立分析大功率交流电动机星形—三角形降压启动控制电路工作原理；

3. 能正确安装、调试大功率交流电动机星形—三角形降压启动控制电路；

4. 能根据大功率交流电动机星形—三角形降压启动控制电路检修流程独立检修相关故障。

学习任务

本次工作任务是为企业安装大功率交流电动机的星形—三角形降压启动控制电路，使大功率交流电动机星形—三角形降压启动控制电路实现以下功能：M 是电动机，由接触器 KMY、KT、KM 控制来完成星形降压启动，由接触器 KM△、KM 控制来完成三角形全压运行。按下停止按钮 SB2，电动机停止工作。按照电气原理图安装并调试。大功率交流电动机星形-三角形降压启动控制电路图如图 9-1 所示。

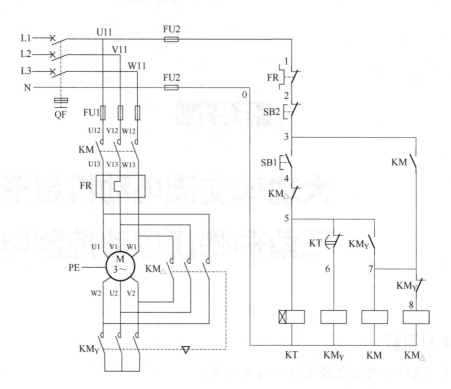

图 9-1 大功率交流电动机星形—三角形降压启动控制电路图

🔬 信息收集

一、相关低压电器基本信息。

1. 时间继电器是一种_____

_____。

2. 时间继电器的工作原理是_____

_____。

3. 时间继电器的选择原则是_____。

4. KM_Y 常闭触头的作用是_____。

5. 请在空白处画出通电延时时间继电器的电气符号。

二、根据大功率交流电动机星形—三角形降压启动控制电路电气原理图，写出它的工作原理。

 任务准备

一、工具。

螺钉旋具、尖嘴钳、斜口钳、剥线钳、电工刀等。

二、仪表。

MF47 型万用表、兆欧表。

三、器材。

控制板 1 块，规格为 500mm×400mm×20mm。导线规格：主电路采用 BV1.5mm 和 BVR1.5mm；控制电路采用 BV1mm；按钮线采用 BVR0.75mm；接地线采用 BVR1.5mm。端子排、导线数量根据实际情况确定。

四、紧固体和编码套管按实际需要提供。

五、电器元件明细表根据电动机的规格选择并填写下表。

代　号	名　称	型　号	规　格	数　量
QF				
SB				
FU				
M				
XT				
KM				
KT				
FR				

六、写出操作步骤。

任务实施

一、低压电器检测、安装。

二、大功率交流电动机星形—三角形降压启动控制电路连接。

三、安装电动机。

四、通电前进行检测，将检测结果填写在下表中。

序 号	检测内容	检测结果	检测结论
1			
2			
3			
4			
5			

五、通电试车，调试实现功能。

考核与评价

一、考核要求。

安装、调试电路过程要达到以下要求：

（1）劳动用品穿戴标准，操作符合 6S 规范；

（2）正确填写表格；

（3）安装、调试和检测流程科学规范。

二、考核作业表。

按任务实施过程设计一个考核作业表，以便评分。

三、考核标准。

考 核 项 目	评 分 标 准	配分	得分
装前检查	1. 电动机质量是否检查，每漏一处扣 3 分 2. 电器元件漏检或错检，每个扣 2 分	15	
安装元件	1. 不按布置图安装，扣 10 分 2. 元件安装不牢固，每个扣 2 分 3. 安装元件时漏装螺钉，每个扣 0.5 分 4. 元件安装不整齐、不均匀、不合理，每个扣 3 分 5. 损坏元件，每个扣 10 分	15	
布线	1. 不按电路图布线，扣 15 分 2. 布线不符合要求：主电路，每根扣 2 分；控制电路，每根扣 1 分 3. 节点松动、接点露铜过长、压绝缘层、反圈等，每处扣 0.5 分 4. 损伤导线绝缘或线芯，每根扣 0.5 分 5. 漏接接电线，扣 10 分 6. 标记线号不清楚、遗漏或误标，每处扣 0.5 分	30	
通电试车	第一次试车不成功，扣 10 分 第二次试车不成功，扣 20 分 第三次试车不成功，扣 30 分	40	
安全、文明生产	违反安全、文明生产规程，扣 5～40 分		
定额时间 90 分钟	按每超时 5 分钟扣 5 分计算		
成绩	除安全、文明生产和定额时间外，各项目的最高扣分不应超过配分		

🍎 课后拓展

在大功率交流电动机星形—三角形降压启动控制电路安装、调试实训中，启动时，电动机得电转速上升，经 1 秒左右忽然发出嗡嗡声并伴有转速下降，继而断电停转，原因是什么？

任务十

卧式镗床反接制动控制电路的安装与检修

📖 **学习目标**

1. 能对速度继电器进行识别与检测；
2. 能独立分析卧式镗床反接制动控制电路工作原理；
3. 能正确安装、调试卧式镗床反接制动控制电路；
4. 能根据卧式镗床反接制动控制电路检修流程独立检修相关故障。

🖊 **学习任务**

　　本次工作任务是为企业安装卧式镗床的反接制动控制电路，使卧式镗床反接制动控制电路实现以下功能：该电路的主电路和正反转控制电路的主电路相同，只是在反接制动时增加了三个限流电阻 R。电路中 KM1 为正转运行接触器，KM2 为反接制动接触器，KS 为速度继电器，其轴与电动机轴相连（图中用虚线表示）。反接制动能使运行的电动机迅速制动。缺点是制动准确性差，制动过程中冲击强烈，易损坏传动零件，制动能量消耗大，不宜经常制动。因此，反接制动一般适用于制动要求迅速、系统惯性较大、不经常启动与制动的场合，如铣床、镗床、中型车床等主轴的制动控制。按照电气原理图安装并调试。卧式镗床反接制动控制电路图如图 10-1 所示。

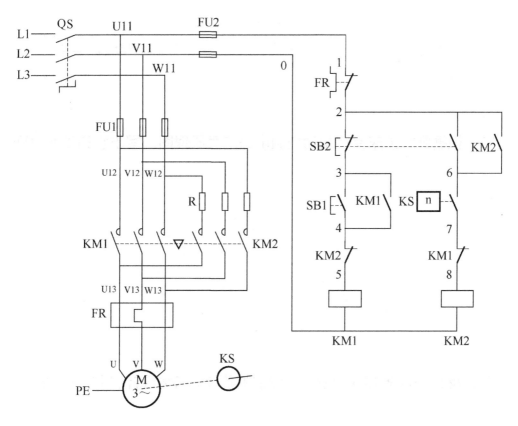

图 10-1 卧式镗床反接制动控制电路图

信息收集

一、相关低压电器基本信息。

1. 速度继电器又称为_____，是反映_____

_____。

2. 速度继电器的工作原理是_____

_____。

3. 速度继电器的选择原则是_____。

4. JY1 型速度继电器的动作额定工作转速为_____。

5. 请在空白处画出速度继电器的电气符号。

二、根据卧式镗床反接制动控制电路电气原理图，写出它的工作原理。

三、反接制动多用于什么场合?别的类型电动机有何制动方式?

🚌 任务准备

一、工具。

螺钉旋具、尖嘴钳、斜口钳、剥线钳、电工刀等。

二、仪表。

MF47 型万用表、兆欧表。

三、器材。

控制板 1 块，规格为 500mm×400mm×20mm。导线规格：主电路采用 BV1.5mm 和 BVR1.5mm；控制电路采用 BV1mm；按钮线采用 BVR0.75mm；接地线采用 BVR1.5mm。端子排、导线数量根据实际情况确定。

四、紧固体和编码套管按实际需要提供。

五、电器元件明细表根据电动机的规格选择并填写下表。

代　号	名　称	型　号	规　格	数　量
QS				
SB				
FU				
M				
XT				
KM				
KS				
FR				

六、写出操作步骤。

 任务实施

一、低压电器检测、安装。

二、卧式镗床反接制动控制电路连接。

三、安装电动机。

四、通电前进行检测，将检测结果填写在下表中。

序　号	检 测 内 容	检 测 结 果	检 测 结 论
1			
2			
3			
4			
5			

五、通电试车，调试实现功能。

考核与评价

一、考核要求。

安装、调试电路过程要达到以下要求：

（1）劳动用品穿戴标准，操作符合 6S 规范；

（2）正确填写表格；

（3）安装、调试和检测流程科学规范。

二、考核作业表。

按任务实施过程设计一个考核作业表，以便评分。

三、考核标准。

考 核 项 目	评 分 标 准	配分	得分
装前检查	1. 电动机质量是否检查，每漏一处扣 3 分 2. 电器元件漏检或错检，每个扣 2 分	15	
安装元件	1. 不按布置图安装，扣 10 分 2. 元件安装不牢固，每个扣 2 分 3. 安装元件时漏装螺钉，每个扣 0.5 分 4. 元件安装不整齐、不均匀、不合理，每个扣 3 分 5. 损坏元件，每个扣 10 分	15	

续表

考 核 项 目	评 分 标 准	配分	得分
布线	1. 不按电路图布线，扣 15 分 2. 布线不符合要求：主电路，每根扣 2 分；控制电路，每根扣 1 分 3. 节点松动、接点露铜过长、压绝缘层、反圈等，每处扣 0.5 分 4. 损伤导线绝缘或线芯，每根扣 0.5 分 5. 漏接接电线，扣 10 分 6. 标记线号不清楚、遗漏或误标，每处扣 0.5 分	30	
通电试车	第一次试车不成功，扣 10 分 第二次试车不成功，扣 20 分 第三次试车不成功，扣 30 分	40	
安全、文明生产	违反安全、文明生产规程，扣 5~40 分		
定额时间 90 分钟	按每超时 5 分钟扣 5 分计算		
成绩	除安全、文明生产和定额时间外，各项目的最高扣分不应超过配分		

课后拓展

反接制动是怎么产生制动力矩的？

任务十一

能耗制动控制电路的安装与检修

✎ **学习任务**

本次工作任务是为企业检修一台磨床上能耗制动控制电动机的电路，使磨床能耗制动控制电动机实现以下功能：KM1 通电并自锁，电动机 M 已单向正常运行后，若要停机，将停止按钮 SB2 按到底，SB2 的一组常闭触点断开，交流接触器 KM1 线圈断电释放，KM1 辅助常开触点断开，解除自锁，KM1 三相主触点断开，电动机失电处于自由停车状态；同时 SB1 的另一组常开触点闭合，交流接触器 KM2 和得电延时时间继电器 KT 线圈同时得电吸合，KM2 辅助常开触点闭合，接通通入电动机绕组内的直流电源，电动机在直流电源的作用下产生静止制动磁场使电动机快速停止下来。经 KT 一段延时后，KT 得电延时断开的常闭触点断开，自动切断制动控制回路电源，KT、KM2 线圈断电释放，KT 动合常开触点、KM2 辅助常开触点断开，KM2 三相主触点断开，切断通入电动机绕组内的直流制动电源，电动机制动过程结束。按照电气原理图安装并调试。磨床能耗制动控制电路图如图 11-1 所示。

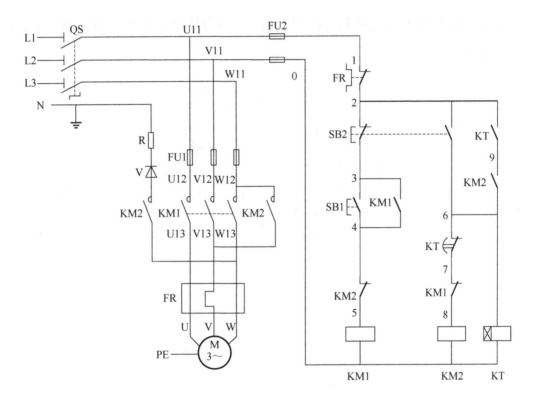

图 11-1　磨床能耗制动控制电路图

信息收集

一、相关低压电器基本信息。

1. 整流器是_____。

2. 整流二极管主要用于_____

_____。

3．请在空白处画出整流二极管的电气符号。

4．图11-2所示为能耗制动控制电路图。试分析电路中哪些地方画错了，请改正并说明理由。

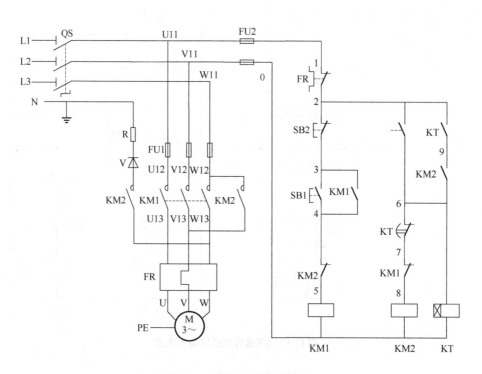

图 11-2　能耗制动控制电路图

二、根据能耗制动控制电路电气原理图，写出它的工作原理。

三、能耗制动与反接制动对比，各有何优缺点？

🚌 任务准备

一、工具。

螺钉旋具、尖嘴钳、斜口钳、剥线钳、电工刀等。

二、仪表。

MF47 型万用表、兆欧表。

三、器材。

控制板 1 块，规格为 500mm×400mm×20mm。导线规格：主电路采用 BV1.5mm 和 BVR1.5mm；控制电路采用 BV1mm；按钮线采用 BVR0.75mm；接地线采用 BVR1.5mm。端子排、导线数量根据实际情况确定。

四、紧固体和编码套管按实际需要提供。

五、电器元件明细表根据电动机的规格选择并填写下表。

代　　号	名　　称	型　　号	规　　格	数　　量
QS				
SB				
FU				
M				
XT				
KM				
KT				
V				
FR				

六、写出操作步骤。

任务实施

一、低压电器检测、安装。

二、能耗制动控制电路连接。

三、安装电动机。

四、通电前进行检测，将检测结果填写在下表中。

序　号	检 测 内 容	检 测 结 果	检 测 结 论
1			
2			
3			
4			
5			

五、通电试车，调试实现功能。

考核与评价

一、考核要求。

安装、调试电路过程要达到以下要求：

（1）劳动用品穿戴标准，操作符合 6S 规范；

（2）正确填写表格；

（3）安装、调试和检测流程科学规范。

二、考核作业表。

按任务实施过程设计一个考核作业表，以便评分。

三、考核标准。

考 核 项 目	评 分 标 准	配 分	得 分
装前检查	1. 电动机质量是否检查，每漏一处扣 3 分 2. 电器元件漏检或错检，每个扣 2 分	15	
安装元件	1. 不按布置图安装，扣 10 分 2. 元件安装不牢固，每个扣 2 分 3. 安装元件时漏装螺钉，每个扣 0.5 分 4. 元件安装不整齐、不均匀、不合理，每个扣 3 分 5. 损坏元件，每个扣 10 分	15	
布线	1. 不按电路图布线，扣 15 分 2. 布线不符合要求：主电路，每根扣 2 分；控制电路，每根扣 1 分 3. 节点松动、接点露铜过长、压绝缘层、反圈等，每处扣 0.5 分 4. 损伤导线绝缘或线芯，每根扣 0.5 分 5. 漏接接电线，扣 10 分 6. 标记线号不清楚、遗漏或误标，每处扣 0.5 分	30	
通电试车	第一次试车不成功，扣 10 分 第二次试车不成功，扣 20 分 第三次试车不成功，扣 30 分	40	
安全、文明生产	违反安全、文明生产规程，扣 5～40 分		
定额时间 90 分钟	按每超时 5 分钟扣 5 分计算		
成绩	除安全、文明生产和定额时间外，各项目的最高扣分不应超过配分		

🍎 课后拓展

能耗制动是由交流电磁场作用产生制动力矩的吗？

任务十二

多速异步电动机控制电路的安装与检修

📖 **学习目标**

1. 能独立分析多速异步电动机控制电路工作原理；

2. 能正确安装、调试多速异步电动机控制电路；

3. 能根据多速异步电动机控制电路检修流程独立检修相关故障。

✏️ **学习任务**

　　本次工作任务是按工件直径的大小和粗磨或精磨要求不同对工件进行加工，加工工件的头架要能调速，也就是头架上的头架电动机需要多速，多速异步电动机实现以下功能：M 是双速异步电动机，由按钮 SB1 和 SB2 及接触器 KM1、KM2 和 KM3 控制，实现双重联锁的低速（△）、高速（YY）转换控制。按照电气原理图安装并调试。多速异步电动机控制电路图如图 12-1 所示。

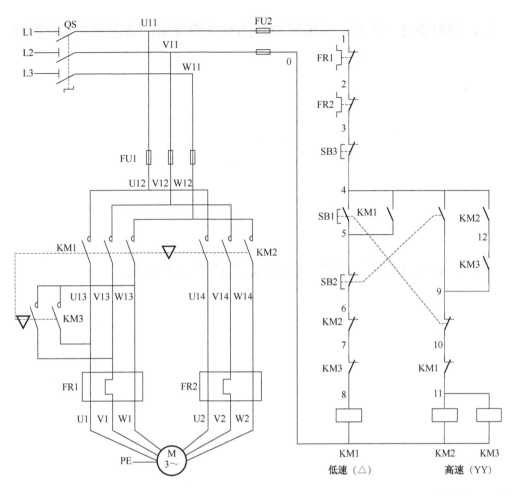

图 12-1 多速异步电动机控制电路图

信息收集

一、相关低压电器基本信息。

1. _____称为变极调速。

2. 改变异步电动机转速的方法有_____、_____、

_____。

3. 定子绕组作 △ 连接的 4 极电动机，接成 YY 连接后，磁极对数是

_____。

二、根据多速异步电动机控制电路的电气原理图，写出它的工作原理。

三、上网收集材料，哪些地方用到多速异步电动机？

任务准备

一、工具。

螺钉旋具、尖嘴钳、斜口钳、剥线钳、电工刀等。

二、仪表。

MF47 型万用表、兆欧表。

三、器材。

控制板 1 块，规格为 500mm×400mm×20mm。导线规格：主电路采用 BV1.5mm 和 BVR1.5mm；控制电路采用 BV1mm；按钮线采用 BVR0.75mm；接地线采用 BVR1.5mm。端子排、导线数量根据实际情况确定。

四、紧固体和编码套管按实际需要提供。

五、电器元件明细表根据电动机的规格选择并填写下表。

代　号	名　称	型　号	规　格	数　量
SB				
QS				
FU				
M				
XT				
KM				
FR				

六、写出操作步骤。

任务实施

一、低压电器检测、安装。

二、多速异步电动机控制电路连接。

三、安装电动机。

四、通电前进行检测，将检测结果填写在下表中。

序　号	检测内容	检测结果	检测结论
1			
2			
3			
4			
5			

五、通电试车，调试实现功能。

考核与评价

一、考核要求。

安装、调试电路过程要达到以下要求：

（1）劳动用品穿戴标准，操作符合 6S 规范；

（2）正确填写表格；

（3）安装、调试和检测流程科学规范。

二、考核作业表。

按任务实施过程设计一个考核作业表，以便评分。

三、考核标准。

考 核 项 目	评 分 标 准	配分	得分
装前检查	1. 电动机质量是否检查，每漏一处扣 3 分 2. 电器元件漏检或错检，每个扣 2 分	15	
安装元件	1. 不按布置图安装，扣 10 分 2. 元件安装不牢固，每个扣 2 分 3. 安装元件时漏装螺钉，每个扣 0.5 分 4. 元件安装不整齐、不均匀、不合理，每个扣 3 分 5. 损坏元件，每个扣 10 分	15	
布线	1. 不按电路图布线，扣 15 分 2. 布线不符合要求：主电路，每根扣 2 分；控制电路，每根扣 1 分 3. 节点松动、接点露铜过长、压绝缘层、反圈等，每处扣 0.5 分 4. 损伤导线绝缘或线芯，每根扣 0.5 分 5. 漏接接电线，扣 10 分 6. 标记线号不清楚、遗漏或误标，每处扣 0.5 分	30	
通电试车	第一次试车不成功，扣 10 分 第二次试车不成功，扣 20 分 第三次试车不成功，扣 30 分	40	
安全、文明生产	违反安全、文明生产规程，扣 5~40 分		
定额时间 90 分钟	按每超时 5 分钟扣 5 分计算		
成绩	除安全、文明生产和定额时间外，各项目的最高扣分不应超过配分		

课后拓展

在多速异步电动机控制电路安装、调试实训中，以图 12-1 为例，按下 SB2 按钮低速不能转高速，主要是控制电路中的哪些元件有问题？

反侵权盗版声明

电子工业出版社依法对本作品享有专有出版权。任何未经权利人书面许可，复制、销售或通过信息网络传播本作品的行为；歪曲、篡改、剽窃本作品的行为，均违反《中华人民共和国著作权法》，其行为人应承担相应的民事责任和行政责任，构成犯罪的，将被依法追究刑事责任。

为了维护市场秩序，保护权利人的合法权益，我社将依法查处和打击侵权盗版的单位和个人。欢迎社会各界人士积极举报侵权盗版行为，本社将奖励举报有功人员，并保证举报人的信息不被泄露。

举报电话：（010）88254396；（010）88258888

传　　真：（010）88254397

E-mail：dbqq@phei.com.cn

通信地址：北京市万寿路 173 信箱
　　　　　电子工业出版社总编办公室

邮　　编：100036

职业院校教学用书（机电类专业）

设备电气控制技术基础及应用

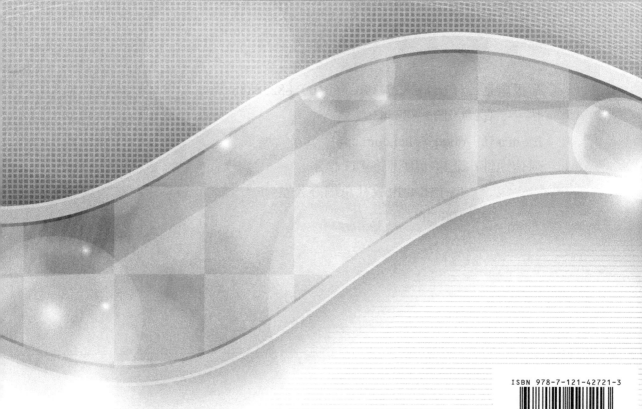

责任编辑：蒲　玥

封面设计：创智时代

ISBN 978-7-121-42721-3

9 787121 427213 >

定价：36.80元
（含工作页）